BEI GRIN MACHT SICH IHR WISSEN BEZAHLT

- Wir veröffentlichen Ihre Hausarbeit, Bachelor- und Masterarbeit

- Ihr eigenes eBook und Buch - weltweit in allen wichtigen Shops

- Verdienen Sie an jedem Verkauf

Jetzt bei www.GRIN.com hochladen und kostenlos publizieren

Bibliografische Information der Deutschen Nationalbibliothek:

Die Deutsche Bibliothek verzeichnet diese Publikation in der Deutschen National-
bibliografie; detaillierte bibliografische Daten sind im Internet über http://dnb.d-
nb.de/ abrufbar.

Impressum:

Copyright © 2016 GRIN Verlag
Druck und Bindung: Books on Demand GmbH, Norderstedt Germany
ISBN: 9783668693210

Dieses Buch bei GRIN:

https://www.grin.com/document/423980

Andreas Stadler

Protokoll über 2 Geländetage im Rahmen des Geländepraktikums Physische Geographie

GRIN Verlag

Ruprecht-Karls-Universität Heidelberg

Geographisches Institut

Sommersemester 2016

Geländepraktikum Physische Geographie

Protokoll über 2 Geländetage im Rahmen des Geländepraktikums Physische Geographie zur Anrechnung von 2 Leistungspunkten im Wahlmodul gemäß GymPO I 2009

Andreas Stadler

Studiengang: Geographie Lehramt, 4. Fachsemester

Inhalt

Abbildungsverzeichnis

1 Standort Naturschutzgebiet Sandheiden und Dünen bei Sandweier

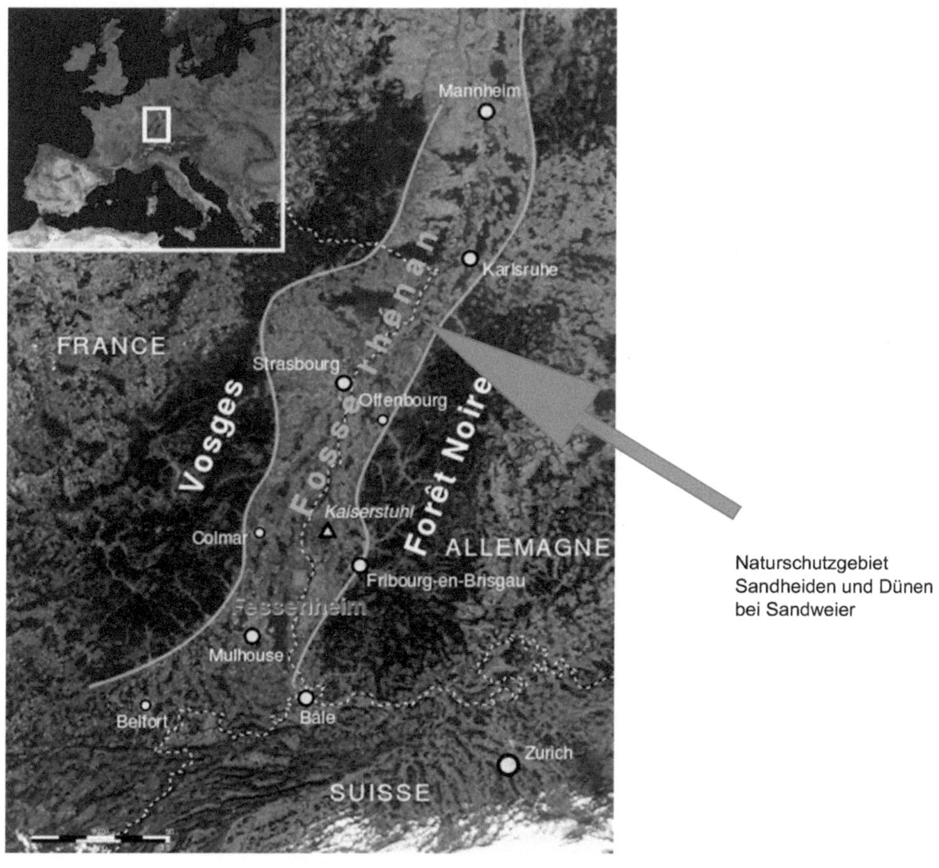

Abbildung 1: Lage des Naturschutzgebietes im Oberrheingraben (https://www.kontextwochenzeitung.de/fileadmin/content/kontext_wochenzeitu ng/dateien/138/Fessenheim_Karte.png)

Das Naturschutzgebiet Sandheiden und Dünen bei Sandweier befindet sich südlich von Rastatt auf dem Gebiet des Landkreises Rastatt und des Stadtkreises Baden-Baden. Es hat eine Fläche von 240,7 ha und man findet dort die bedeutendsten Sanddünen in Baden-Württemberg. Das Naturschutzgebiet ist Teil des europaweiten Schutzgebietsnetzes „Natura 2000". (vgl. http://www4.lubw.baden-wuerttemberg.de/servlet/is/70952/nsg_sandheiden_und_duenen_bei_sandweier_und_iffezheim.pdf?command=downloadContent&filename=nsg_sandheiden_und_duenen_bei_sandweier_und_iffezheim.pdf)

Der Standort befindet sich auf der Niederterrasse des Oberrheingrabens. Im Folgenden soll näher auf den Oberrheingraben eingegangen werden:
Der Oberrheingraben stellt eine ca. 300 km lange, 35 bis 40 km breite NNO-SSW-streichende Extensionsstruktur dar. Er bildet den zentralen Teil des europäischen känozoischen Grabenbruchsystems, das aus mehreren, miteinander verknüpften tektonischen Gräben besteht. (vgl. Ziegler (1994), S. 99) Der Oberrheingraben wird im Norden vom Rheinischen Schiefergebirge und dem Vogelsberg sowie im Süden vom Faltenjura begrenzt. Bei der Bildung des Oberrheingrabens fand eine Horizontaldehnung auf etwa 4 bis 7 km statt, während der vertikale Versatz zwischen den Grabenschultern und dem Grabeninneren über 4 km erreichen kann. (vgl. Meier/Eisbacher (1991), S. 622)

Die Entstehung des Oberrheingrabens lässt sich auf die Prozesse der passiven Grabenbildung im Vorland der Alpinen Orogenese zurückführen. Die Grabenbildung setzte im Fall des Oberrheingrabens unter einem annähernd Nord-Süd ausgerichteten Spannungsfeld im Mittel- bis Obereozän durch Ost-West gerichtete Dehnungsbewegungen ein. Diese Prozesse gingen fast zeitgleich mit einer Beschleunigung der nordwärts gerichteten Kompressionsbewegungen im Zuge der Orogenese der Alpen einher. Gekennzeichnet wurde diese Entwicklung durch die Ablagerung der eozänen Basistone. (vgl. Dèzes/Schmid/Ziegler (2004), S. 2f.)
Die weitere Entwicklung des Oberrheingrabens kann grundsätzlich in folgende unterschiedliche tektonische Phasen unterteilt werden:

- Oligozän. In dieser ersten Phase bildete sich die Öffnung der Grabenstruktur und eine beckenweite Sedimentation entstand.
- Miozän. In dieser Periode vollzog sich eine Umorientierung des Spannungsfeldes mit Nordwest-Südost-Ausrichtung der Hauptspannungsrichtung. Dadurch formten sich Dehnungsbewegungen in Nordost-Südwest-Richtung, die bis heute bestehen. Diese veränderten Spannungsbedingungen führten zur Reaktivierung sinistraler Scherbewegungen. Ferner verlagerten sich die Absenkungen auf einzelne Depozentren im Grabeninneren.
- Untermiozän. Die Sedimentation verlagerte sich während dieser Periode vor allem auf den nördlichen Oberrheingraben. Im zentralen und südlichen Oberrheingraben kam es hier zu Hebungsbewegungen und Erosionsvorgängen.
- Obermiozän. Während dieser Zeit kam es wieder zu einer Verstärkung der Senkungsbewegungen, was dazu führte, dass die Sedimentation wieder im gesamten Oberrheingraben einsetzte.
  (vgl. Dèzes/Schmid/Ziegler (2004), S. 3f. und Michon/Van Balen/Merle et al. (2003), S. 105f.)

Die Niederterrasse, auf der sich der Standort befindet, ist geprägt durch fluviale Sedimente aus dem Pleistozän. Während der Würmeiszeit am Ende des Pleistozäns war die Vegetation deutlich geringer ausgeprägt als dies im Holozän der Fall ist. Somit konnte Sand über weite Strecken äolisch transportiert werden. Die Besonderheit am Naturschutzgebiet Sandheiden und Dünen bei Sandweier ist, dass hier Flugsande während der Würmeiszeit in großem Maße äolisch abgelagert wurden und somit die Bildung von Sanddünen auf der Niederterrasse ermöglicht wurde.

Während des Geländepraktikums wurden die Methoden geoelektrische Tomographie und Bohrstocksondierung am Luvhang der großen Düne durchgeführt.

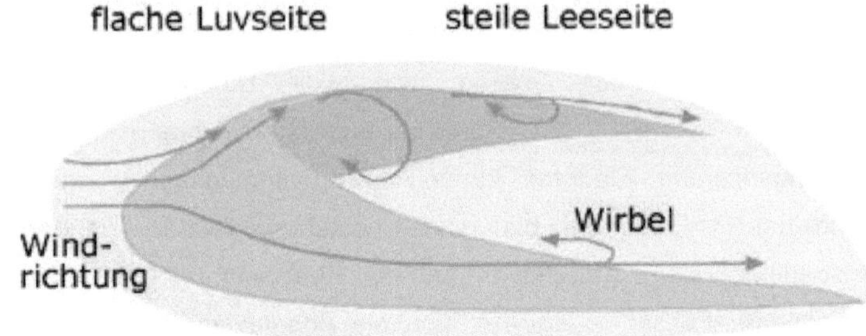

**Abbildung 2: Schematische Darstellung einer freien Düne (Barchan)
(http://www.geo.uni-tuebingen.de/uploads/pics/W%C3%BCsten_Abb_02.jpg)**

Aus Abbildung 2 lässt sich entnehmen, dass sich die Luvseite einer Düne zum praktischen Arbeiten besser eignet als die Leeseite, weil die Luvseite eine geringere Hangneigung aufweist als die Leeseite. Außerdem ist die vertikale Länge der Luvseite größer als die der Luvseite, die folgenden Methoden können also entlang einer größeren (geraden) Strecke durchgeführt werden.

Abbildung 3: Aufschluss im Naturschutzgebiet, welcher die Schichtgrenze zwischen Niederterrasse und Sanddüne zeigt (eigene Aufnahme vom 11.10.2016, abgeändert)

Die Sedimente der Niederterrasse (vgl. Abbildung 3) sind gekennzeichnet durch Schotter, Sand und gerundete Kiese, welche die fluviale Ablagerung erkennen lassen. Sie sind vorwiegend alpiner Herkunft, allerdings verzahnen sie sich regelmäßig mit Ablagerungen aus Seitenflüsse des Rheins. Auf die Sedimente der Niederterrasse sind die äolisch abgelagerten Flugsande der Dünen aufgelagert. Hierbei handelt es sich um carbonathaltige Sande. Mit der Bohrstocksondierung wurden die Flugsände im Rahmen des Geländepraktikums näher untersucht.

2 Methode Geoelektrische Tomographie

Abbildung 4: Anordnung der T-Elektroden bei der Geoelektrik (eigene Aufnahme am 10.10.2016)

Die geoelektrische Tomographie (Geoelektrik) ist eine geophysikalische Methode, bei der T-Elektroden entlang einer Geraden im gleichen Abstand (hier: 1m) orthogonal in den Boden gestochen werden müssen (vgl. Abbildung 4). Die Methode ist nur für Lockersedimente geeignet. Das Kabel wird mit einer Klemme mit den Elektroden verbunden schließlich an einen Laptop mit GeoTom Software geschaltet, welcher als Analog-Digital-Wandler fungiert. Eine Elektrode, welche nicht zu den Messelektroden gehört, muss für die Erdung zusätzlich angebracht werden. Bei der Geoelektrik wird mit einer Stromstärke von ca. 1 Milliampere gearbeitet. Es handelt sich also um geringe Stromstärken. Durch eine Probemessung wird überprüft, ob alle Elektroden korrekt angeschlossen sind und ob der Widerstand an jeder Elektrode ähnlich ist. Wird an einer Elektrode ein deutlich höherer Widerstand gemessen, befindet sich diese Elektrode beispielsweise auf einer Wurzel oder in einem Lufthohlraum und muss neu gesteckt werden. Nun gibt es verschiedene Möglichkeiten, die Elektroden zu verschalten. Allgemein gilt, dass es immer zwei Speiselektroden und zwei Elektroden als Potentialsonden gibt.

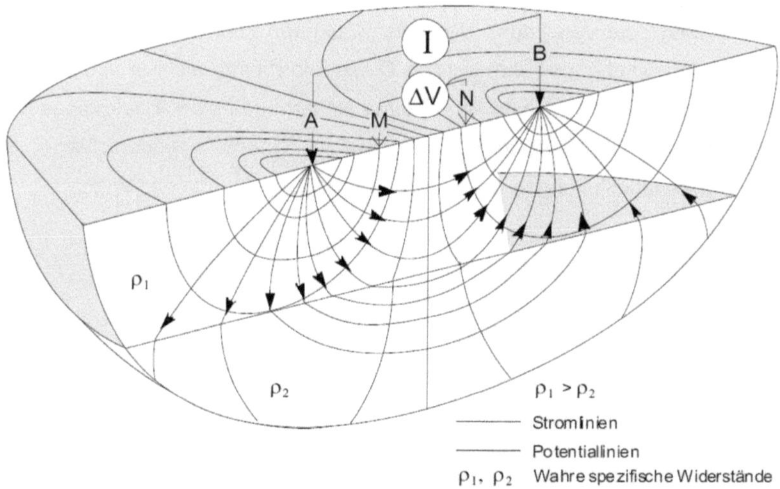

Abbildung 5: Prinzip der Widerstandsmessung bei einer Vierpunktanordnung (Knödel (2005), S. 129)

Die Potentialdifferenz aus den Sonden M und N sowie die Stromstärke zwischen den Elektroden A und B bewirken nach dem Ohm'schen Gesetz einen elektrischen Widerstand. Dieser Widerstand wird mit einem Konfigurationsfaktor K multipliziert, welcher Abhängig von der Elektroden-Sonden-Anordnung ist. Das Produkt ergibt schließlich den wahren spezifischen Widerstand, der durch die Software GeoTom angezeigt wird. Im Folgenden sollen die 3 wichtigsten Elektroden-Sonden-Anordnungen vorgestellt und diskutiert werden.

1. Dipol-Dipol-Anordnung

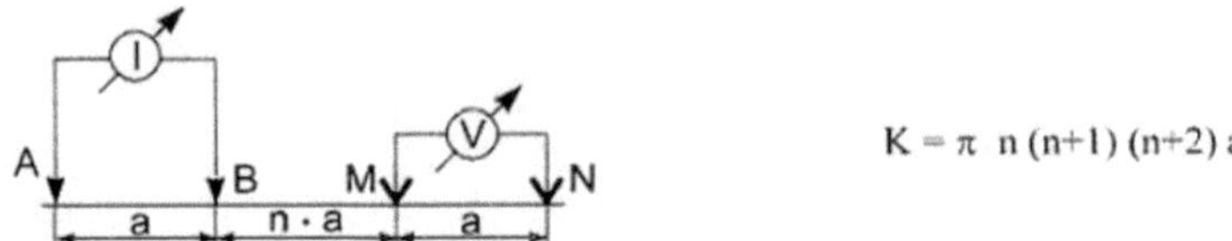

$$K = \pi\, n\,(n+1)\,(n+2)\,a$$

**Abbildung 6: Messanordnung Dipol-Dipol
(Knödel (2005), S. 130)**

Bei der Dipol-Dipol-Anordnung sind die Speiseelektroden und Potentialsonden voneinander getrennt (vgl. Abbildung 6). Diese Anordnung wird vorwiegend in der Archäologie verwendet. Vertikale Strukturen können hier besonders gut betont und sichtbar gemacht werden. Diese Anordnung zeichnet sich durch eine große Datendichte aus und liefert somit ein genaues Modell. Allerdings ist sie auch sehr störanfällig beispielsweise durch Niederschlag oder Hochspannungsleitungen und die Datenerhebung dauert sehr lange.

2. Wenner-Anordnung

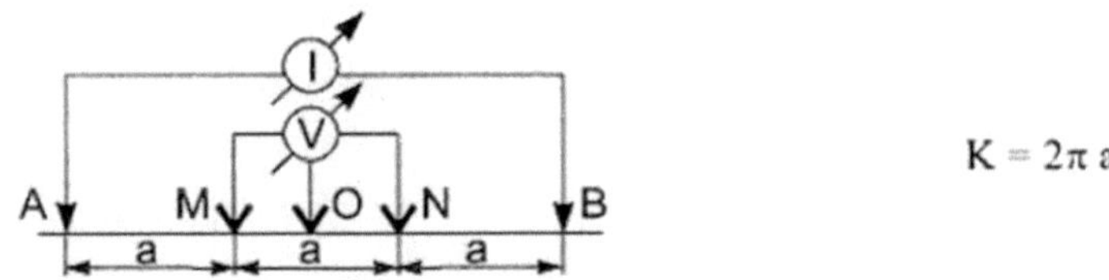

$$K = 2\pi\, a$$

**Abbildung 7: Messanordnung Wenner
(Knödel (2005), S. 130)**

Bei der Wenner-Anordnung liegen die Potentialsonden innerhalb der Speiseelektroden. Außerdem ist eine zentrale Sonde O vorhanden (vgl. Abbildung 7). Die Wenner-Anordnung ermöglicht eine schnelle Messung und ist unanfällig für Störfaktoren, jedoch liefert sie nur vergleichsweise wenig Messwerte.

3. Schlumberger-Anordnung

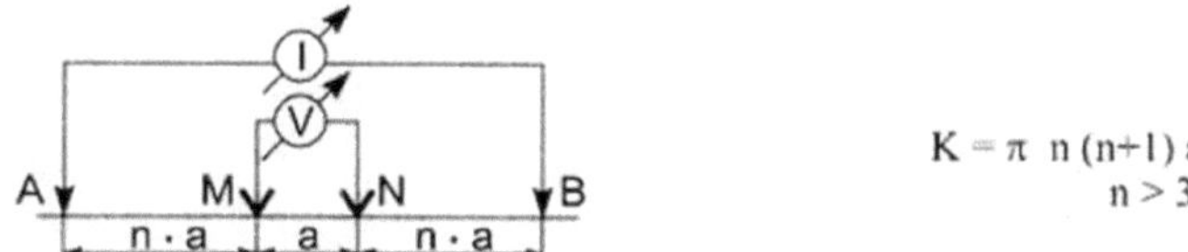

**Abbildung 8: Messanordnung Schlumberger
(Knödel (2005), S. 130)**

Die Schlumberger-Anordnung gleicht der Wenner-Anordnung. Allerdings fehlt hier die zentrale Sonde O und der Abstand AM bzw. NB ist im Vergleich zum Abstand MN n mal länger als bei der Wenner-Anordnung, vorrausgesetzt der Abstand MN ist bei beiden Anordnungen gleich groß.

Die Geoelektrik eignet sich sehr gut für geomorphologische und sedimentologische Fragestellungen. Schichtgrenzen können durch unterschiedliche Widerstände identifiziert werden. Allerdings können nur oberflächennahe Fragestellungen untersucht werden (bis ca. 25m Tiefe). Die gemessenen Widerstände sind nur Rohdaten und müssen auf einem komplexen mathematischen Weg in ein 2D-Abbild des Untergrunds umgerechnet werden.
(vgl. Knödel (2005), S. 128ff und eigene Erfahrungen während des Praktikums)
Während des Praktikums wurde auf einer Strecke von 100m eine geoelektrische Tomographie auf dem Luvhang der großen Düne durchgeführt. Am zweiten Geländetag wurde die Datenerhebung auf weitere 100m in Richtung der kleinen Düne erweitert. Die Auswertung der Daten lässt leider noch auf sich warten.

3 Methode Bohrstocksondierung (Pürckhauer Methode)

Um die Daten, die aus der geoelektrischen Tomographie gewonnen wurden, zu ergänzen, ist es sinnvoll, das Gebiet mithilfe der Bohrstocksondierung (auch genannt Pürckhauer Methode) zu untersuchen. Der Pürckhauer ist ein zur Seite geöffneter, hohler Bohrstock mit einer geschärften Nut. Der Außendurchmesser des Bohrstocks liegt bei 3cm und der Innendurchmesser bei ungefähr 2,5cm. Der Teil des Bohrstocks der die Bodenprobe aufnimmt hat eine Länge von 1m. Mithilfe eines Hammers wird der Pürckhauer in den Boden gestoßen. Dabei ist wichtig, dass der Pürckhauer senkrecht zu den Bodenhorizonten steht, damit die Mächtigkeit der Bodenhorizonte nicht verfälscht wird. Befindet sich die Nut nun vollständig im Boden, wird der Querhebel eingeschraubt und der Bohrstock um 180° gedreht, damit die Nut mit Bodensubstrat gefüllt wird. Anschließend wird der Bohrstock durch eine leichte Drehbewegung aus dem Boden herausgezogen und auf einem ebenen Untergrund abgelegt. Vor der Untersuchung muss mit einem Spatel ein wenig von der Oberfläche des Substrats entfernt werden, da diese beim Herausziehen mit anderen Bodenhorizonten vermischt werden könnte. Möchte man tiefere Bohrungen (2 Meter) mithilfe der Pürckhauer Methode durchführen, muss zuerst das vorhandene Bohrloch mithilfe des 1 Meter Bohrstocks gereinigt werden und anschließend ein 2 Meter Bohrstock eingeschlagen werden. Das weitere Vorgehen ist nun identisch mit der 1 Meter Bohrung. Es muss nur darauf aufgepasst werden, dass beim Wechsel vom 1 Meter Bohrstock zum 2 Meter Bohrstock so gut wie kein Bodensubstrat in das Bohrloch hineinfällt, weil sonst die Anordnung der Bodenhorizonte verfälscht würde.

Um die Ergebnisse der Bohrstocksondierung mit denen der geoelektrischen Tomographie zu kombinieren, ist es sinnvoll, die Proben in geringer paralleler Entfernung zu den Messelektroden der Geoelektrik zu entnehmen.

(vgl. eigene Erfahrungen während des Praktikums)

Im Folgenden soll nun die Untersuchung einiger Proben und deren Ergebnisse näher diskutiert werden.

1. Bohrstocksondierung (25. Meter der geoelektrischen Tomographie, große Düne):

Diese Bohrstocksondierung wurde mit einem 1 Meter Bohrstock durchgeführt. Um die Bodenart zu bestimmen, wurde die Tabelle aus der Bodenkundlichen Kartieranleitung (S. 144) hinzugezogen. Zerreibt man die entnommene Probe mit den Fingern, lassen sich die Körner mit bloßem Auge erkennen. Die Korngröße, die sich daraus ableiten lässt, ist folglich der Sand. In den Fingerrillen bleibt nichts hängen, daraus lässt sich folgern, dass das entnommene Substrat keine Korngrößen aus der Schluff- und Tonfraktion enthält. Betrachtet man die Bodenprobe im Rohrstock, ist zu erkennen, dass sich der Bereich zwischen 10 und 14cm vom Rest farblich abhebt. Unterhalb dieser Farbgrenze bis zu 32cm Tiefe liegt ein graubraunes Gemisch vor. Eine weitere Farbgrenze zwischen 55 und 60cm wird durch den unterschiedlichen Feuchtegehalt erzeugt. Um die Farben allerdings wissenschaftlich korrekt und eindeutig bestimmen zu können, ist die Anwendung der Musell Soil Color Charts notwendig.

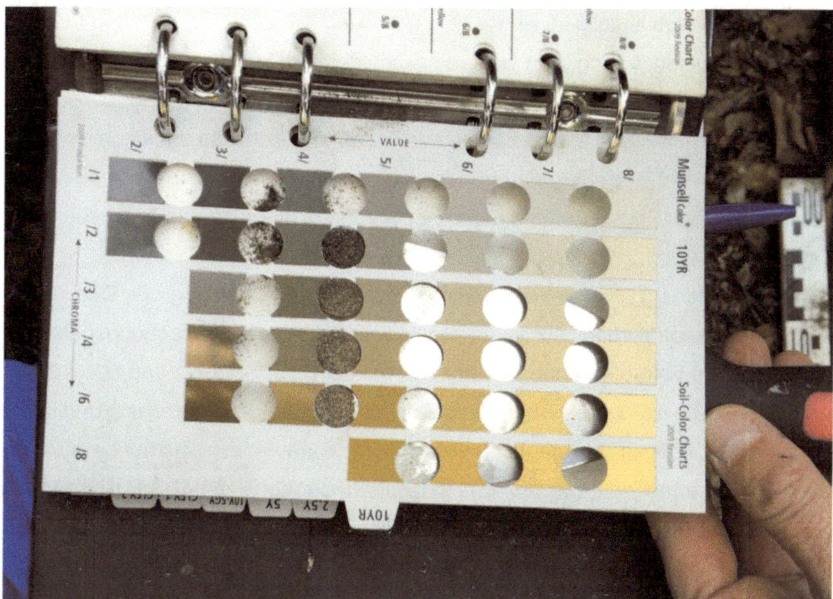

Abbildung 9: Arbeiten mit den Mussel Soil Color Charts (eigene Aufnahme vom 11.10.2016)

Der obere Bereich der Probe fällt in den Farbbereich 10 YR 3/2 (very dark greyish brown), der darunterliegende Bereich kann dem Farbbereich 10 YR 5/6 (yellowish brown) zugeordnet werden (vgl. Abbildung 4). Auch eine Zuordnung zum Farbbereich 7,5 YR 5/6 wäre denkbar. Da die Probe jedoch keine Feldfeuchte aufweist, kann es zu Abweichungen kommen. Auch eine ungünstige Wahl der Lichtverhältnisse kann nicht ausgeschlossen werden.

Untersucht man die vorliegende Probe mit Salzsäure ($HCl_{(aq)}$, 12,5%), ist zu beobachten, dass es im oberen Bereich der Probe Perlen bildet. Das bedeutet, dass der obere Bereich der Probe sehr trocken ist und keinen nennenswerten Carbonatgehalt aufweist. In den unteren 20cm der Probe ist allerdings ein schwaches Schäumen zu beobachten. Bei der Benutzung von Salzsäure als Carbonatnachweis liegt folgende chemische Gleichung zugrunde:

$$2\ HCl + CO_3^- \rightarrow CO_2 + H_2O + 2\ Cl^-$$

Das entstehende CO_2 wird hierbei als entweichendes Gas sichtbar. Aus diesen experimentellen Erkenntnissen lässt sich folgern, dass das Ausgangssubtrat (C) kalkhaltig ist, die Bodenbildung das Ausgangssubtrat jedoch entkalkt. Die Bodenhorizontabfolge ist folglich Ah Cv C.

Aus der Bohrstocksondierung lässt sich auch nach der der Durchführung einer 2 Meter Bohrung erkennen, dass die oberen 80cm des Bodens zwar entkalkt sind, sonst aber keine richtige Bodenbildung stattgefunden hat. Es handelt sich also um einen Regosol mit einem 80cm mächtigen Solum über dem Ausgangssubstrat.

(vgl. Glaser u.a. (2017), S.117ff und eigene Erfahrungen während des Praktikums)

2. Bohstocksondierung (7. Meter der geoelektrischen Tomographie, große Düne):

Die 2. Bohrstocksondierung wurde im Muldenbereich des Untersuchungsgebietes durchgeführt. Hier waren erkennbare Grenzen bei 8cm, 15cm, 30cm und 60cm Tiefe zu verzeichnen. Die Korngröße ist größer als bei der 1. Bohrstocksondierung und kann mit Feinkies bzw. Grobsand angegeben werden. Diese Materialien sind nur bei starken Stürmen äolisch transportierbar. Im Ah Horizont wurde die Farbe 10 YR 4/3 gemäß der Mussel Soil Color Charts bestimmt, im mittleren Bereich kann die Farbe mit 7,5 YR 4/6 klassifiziert werden. Nicht eindeutig zu klären war die Frage, ob es sich hier um Kolluvium oder Äolium handelt. Der zweite Bohrmeter ist mit dem Primärmaterial der 1. Bohrstocksondierung zu vergleichen und enthält eine leichte Graufärbung, welche auf die weitere Verlagerung des Materials nach der Bodenbildung hinweist. Ein anthropogener Einfluss ist hier denkbar. Die Untersuchung mit Salzsäure ergibt, dass der Carbonatgehalt homogen verteilt ist.

(vgl. eigene Erfahrungen während des Praktikums)

3. Bohrstocksondierung (90. Meter der geoelektrischen Messung, kleine Düne):

Die 3. Bohrkernsondierung wurde auf der kleinen Düne durchgeführt. Als Substrat liegt auch hier sandiger Sand vor. In den obersten 15cm des Bohrstocks ist ebenfalls ein Ah Horizont zu erkennen, allerdings ist dieser nur in den ersten 3cm geschlossen. Die Farbansprache ergibt 7,5 YR 4/6 (strong brown). Ab einer Tiefe von 40 bis 50cm ist zu beobachten, dass das Substrat dunkler wird. Dies kann als Verbraunung gedeutet werden, was als Bv Horizont bezeichnet würde. Bei der Untersuchung mit Salzsäure ist zu erkennen, dass die Tropfen nicht abperlen. Daraus lässt sich folgern, dass die

3. Bohrstocksondierung an einem feuchteren Standort durchgeführt wurde. Außerdem ist das Substrat leicht kalkhaltig, ab 55cm Tiefe jedoch kalkfrei.

4. Bohrstocksondierung (108. Meter der geoelektrischen Tomorgraphie, kleine Düne): Die 4. Bohrstocksondierung wurde ebenfalls auf der kleinen Düne durchgeführt und ähnelt stark der 3. Bohrstocksondierung. Auffällig hier ist nur, dass im Bereich von 80 bis 90cm Tiefe dunkle Flecken im Substrat zu erkennen waren. Diese könnten Überreste einer alten Landoberfläche oder verbrannte Pflanzenreste sein. Weitere Untersuchungen dahingehend wurden allerdings nicht durchgeführt. Auch der Carbonatgehalt wurde hier nicht bestimmt.
(vgl. eigene Erfahrungen während des Praktikums)

4 Literatur- und Quellenverzeichnis

Ziegler, P. A. (1994): Cenozoic rift System of western and central Europe: an overview. In: Geologie en Mijnbouw 73 (1994), S. 99-127.

Meier, L.; Eisbacher, H. G. (1991): Crustal kinematics and deep structure of the northern Rhine Graben, Germany. In: Tectonics, 10 (1991), S. 621-630.

Dèzes, P.; Schmid, S.; Ziegler, P. A. (2004): Evolution of the European Cenozoic Rift System: interaction of the Alpine and Pyrenean orogens with their foreland lithosphere. In: Tectonophys. 389 (2004), S. 1-33.

Michon, L.; Van Balen, R. T.; Merle, O. et al. (2003): The Cenozoic evolution of the Roer Valley Rift Sys-tem integrated at a European scale. In: Tectonophys. 367 (2003), S. 101-126.

Kontext Wochenzeitung (2013): Fessenheim – der Merdemeiler, entnommen am 01.02.2017 von: https://www.kontextwochenzeitung.de/fileadmin/content/kontext_ wochenzeitung/dateien/138/Fessenheim_Karte.png

Statistische Naturschutzverwaltung Baden-Württemberg: Naturschutzgebiet Sandheiden und Dünen bei Sandweier und Iffezheim, entnommen am 01.02.2017 von: http://www4.lubw.baden-wuerttemberg.de/servlet/is/70952/nsg_sandheiden_ und_duenen_bei_sandweier_und_iffezheim.pdf?command=downloadContent&filena me=nsg_sandheiden_und_duenen_bei_sandweier_und_iffezheim.pdf

Fachbereich Geowissenschaften der Eberhard-Karls-Universität Tübingen (2011): Savannen und Wüsten, entnommen am 01.02.2017 von: http://www.geo.uni-tuebingen.de/uploads/pics/W%C3%BCsten_Abb_02.jpg

Knödel, Klaus; Krummel, Heinrich; Lange, Gerhard (Hrsg.) (2005): Geophysik. Springer Verlag Berlin 2005.

Glaser Rüdiger u.a. (2017): Physische Geographie kompakt. Springer Verlag Berlin 2017.